中国电力出版社
CHINA ELECTRIC POWER PRESS

内容提要

本书汇集海量最新国内顶尖设计师的新作，既是装修业主的好帮手，又是室内设计师学习的工具书。书中穿插50余个常见装修造型的贴士，从装修材料、设计细节、施工细节等方面详解这个造型该怎么做，做的时候注意哪些问题。即使业主不请设计师，通过本书的学习，也能监工施工队轻松做出赏心悦目的装饰造型。

图书在版编目（CIP）数据

家居装饰百变造型详解. 电视墙 / 李江军编. — 北京 ：中国电力出版社，2014.8
ISBN 978-7-5123-6057-0

Ⅰ. ①家… Ⅱ. ①李… Ⅲ. ①住宅－装饰墙－室内装饰设计
Ⅳ. ①TU241

中国版本图书馆CIP数据核字(2014)第136335号

中国电力出版社出版发行
北京市东城区北京站西街19号　100005　http://www.cepp.sgcc.com.cn
责任编辑：曹巍　责任印制：郭华清　责任校对：郝军燕
北京盛通印刷股份有限公司印刷 · 各地新华书店经售
2014年8月第1版 · 第1次印刷
700mm × 1000mm　1/12 · 9印张 · 186千字
定价：32.00元

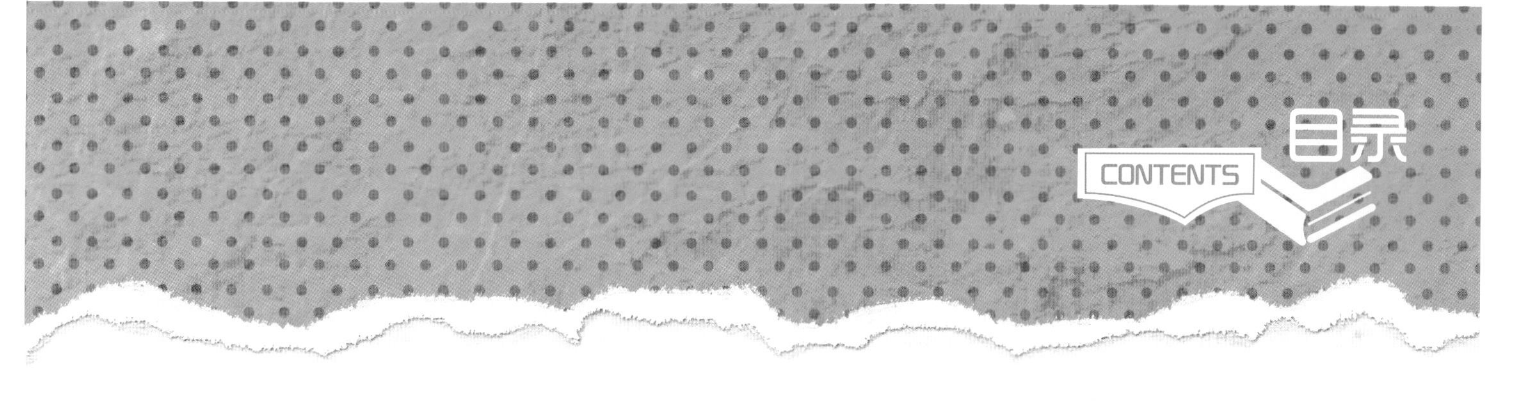
CONTENTS
目录

电视墙 [石膏板造型刷白+装饰壁龛]

电视墙 [橡木饰面板+黑镜]

电视墙 [真丝手绘墙纸+饰面板装饰柱]

电视墙 [大花白大理石+实木制作角花喷金漆]

电视墙 [杉木板装饰背景套色+墙面凹槽+文化石]

电视墙 [墙纸+大理石罗马柱]

木地板上墙

◎ 装修材料

木地板上墙

◎ 设计细节

1. 电视背景墙处于客厅的中心位置，为了在视觉上有一个中心点，设计师把电视背景做成深色的木地板上墙造型，让视线有落点，有重心。
2. 深色地板比较吸光，为了不影响主人在客厅看电视的光线感，适当增加筒灯及射灯是较为稳妥的方式，毕竟看电视时的光线不能太弱，否则会对人的眼睛造成伤害。

◎ 施工细节

1. 木地板上墙应注意墙体自身的平整性，要求对原墙面做木工板基层处理，保证地板的安装牢固度及平整度。
2. 在做到阳角处时，交接处需要进行地板的45°对角处理，让地板与地板之间形成完美的对接，保证阳角笔直、方正。

电视墙 [布艺软包+实木线装饰套+装饰壁龛]

电视墙 [砂岩浮雕+木格栅贴茶镜]

电视墙 [墙布+装饰壁龛+饰面板装饰柱]

电视墙 [皮质软包+大理石装饰线条]

电视墙 [中式窗花+密度板雕花刷白+柚木饰面板]

电视墙 [啡网纹大理石斜铺+大理石罗马柱]

电视墙 [木纹大理石+实木镂空雕刻贴茶镜]

电视墙 [墙纸+石膏罗马柱+银镜倒45° 角]

电视墙 [布艺软包+黑镜]

造型详解 2

斑马木饰面板+米黄大理石+茶镜

◎ 装修材料

斑马木饰面板+米黄大理石+茶镜

◎ 设计细节

1. 此客厅空间的层高较高，因此，在设计墙面时应注意横向空间的修饰，把木饰面的纹路设计成横向，让空间横向和纵向的比例更加协调。
2. 对于整面的大理石造型，注意下口处不需要做踢脚线的设计，让大理石直接与地面砖相接，避免踢脚线影响背景墙的整体效果。

◎ 施工细节

1. 大理石进行干挂处理时，需要在墙面进行钢架的焊接，因此会凸出原墙面较多。在做木饰面的基层时，为了使木饰面与大理石完成面齐平，应保证墙体基层有足够的厚度。
2. 需要解决好大理石与木饰面之间的收口问题，可以考虑选择木线条作为二者间的衔接材料。

电视墙 [樱桃木饰面板套色+饰面装饰框刷白]

电视墙 [啡网纹大理石+墙面凹槽嵌银镜+彩色乳胶漆]

电视墙 [皮质软包+不锈钢线条包边+墙纸]

电视墙 [墙纸+灰镜倒角]

电视墙 [米黄大理石+茶镜+大理石装饰框]

电视墙 [云石大理石+黑白根大理石线条收口+米黄大理石]

电视墙 [米黄大理石+银镜倒角]

电视墙 [黑白根大理石+饰面板装饰凹凸背景刷白]

电视墙 [墙纸+实木线装饰套刷白]

皮质软包 + 马赛克 + 墙纸

◎ 装修材料

皮质软包+马赛克+墙纸

◎ 设计细节

1. 电视背景虽然为单独的墙体，但在设计时不能将其孤立起来，需要结合其他墙面形成整体上的呼应，因此，电视背景的软包造型与墙纸在沙发背景一端得到体现。
2. 马赛克的质感较为冰冷，因此设计师采用软包进行搭配，软硬结合，材质上达到完美的相互协调。

◎ 施工细节

1. 马赛克的铺贴方式有很多种，一般为水泥铺贴和胶水铺贴两种常见的方式。由于软包的特殊性，要避免其与水汽接触，因此，建议施工时选择胶水铺贴的方式。
2. 电视柜为石材台面的设计，且同软包造型做了一体的搭配设计。施工时，建议在电视柜台面完工后再进行软包造型的安装及施工，这样做的好处是可以很好的解决二者之间的接缝问题。

电视墙 [橡木饰面板+黑镜+石膏板装饰凹凸背景刷白]

电视墙 [墙纸+灰镜+大花白大理石装饰框]

电视墙 [米黄大理石]

电视墙 [墙纸+磨砂玻璃+不锈钢线条装饰框]

电视墙 [石膏板造型拓缝刷白+黑镜+不锈钢线条包边]

电视墙 [洞石+磨花茶镜+花岗岩大理石装饰框]

电视墙 [米黄色墙砖+不锈钢线条装饰框]

电视墙 [墙纸+斑马木饰面板]

电视墙 [布艺软包+磨花银镜]

造型详解 4

雕花隔断 + 黑镜 + 爵士白大理石

◎ 装修材料

雕花隔断+黑镜+爵士白大理石

◎ 设计细节

1. 电视背景墙的区域首先要做划分，隔断的宽度控制在800～900mm之间，电视背景墙大理石的宽度在2000～2400mm之间，具体根据背景墙的宽度作适当的调整。
2. 大理石具有一定的辐射，选择大理石作为装修材料时，尽量选择浅色类辐射较弱的材质。

◎ 施工细节

1. 隔断的定制安装非常重要，在做吊顶时注意对安装点进行木工板加固处理，同时，隔断的定制测量应在吊顶及地砖完成后，定做时要适当减少5mm作为放量，方便安装。
2. 大理石上墙需要对原墙面做木工板基层处理，这样做的好处是保证墙面的平整度，同时便于大理石的铺贴与安装。

电视墙 [水曲柳饰面板凹凸铺贴显纹刷白]

电视墙 [木格栅+中式木花格喷金漆]

电视墙 [啡网纹大理石+米黄大理石]

电视墙 [实木雕花贴墙纸+饰面板装饰凹凸背景]

电视墙 [布艺软包+木格栅]

电视墙 [皮质软包+实木线装饰套+柚木饰面板]

电视墙 [实木半圆线装饰框刷白]

电视墙 [米黄大理石+啡网纹大理石罗马柱]

电视墙 [墙纸+实木线装饰套+银镜]

造型详解 5

墙纸＋个性砖＋彩色乳胶漆

◎ 装修材料

墙纸+个性砖+彩色乳胶漆

◎ 设计细节

1. 地中海风格的最大魅力来自其色彩组合。蓝与白的经典搭配让人不禁联想到西班牙蔚蓝色的大海与白色沙滩。
2. 线条是构造形态的基础，是很重要的家居设计元素。地中海风格的线条不是直来直去的，而显得比较自然，因此无论是家具还是建筑，都形成一种独特的浑圆造型。
3. 地中海风格的建筑特色是拱门、半拱门以及马蹄状的门窗。因此在设计电视墙时应注意对拱形的适当运用。

◎ 施工细节

1. 粘贴墙纸前，首先要进行弹线，弹线就是在处理过的基层上弹上水平线和垂直线，要尽量同门窗角度保持一致。在铺贴完墙纸后，需要及时打开窗户通风，使墙纸粘胶迅速风干。
2. 彩色乳胶漆的调色应该利用电脑进行调配，不宜在现场进行，避免出现色差。

电视墙 [胡桃木饰面板+彩绘玻璃菱形铺贴]

电视墙 [杉木板装饰背景+饰面装饰框刷白]

电视墙 [杉木板凹凸铺贴刷白]

电视墙 [艺术墙砖+实木线装饰套]

电视墙 [砂岩+灰镜]

电视墙 [墙纸+木线条收口+米黄大理石装饰框]

电视墙 [布艺硬包+银镜]

电视墙 [墙纸+茶镜+木纹大理石+大理石线条收口]

电视墙 [枫木饰面板+墙面柜+灰镜]

造型详解 6

大花白大理石+灰镜

◎ 装修材料

大花白大理石+灰镜

◎ 设计细节

1. 电视墙是具有不同功能的空间之间的分割体，设计的高度不宜过高，保证空间之间的通透性与互动性。
2. 现代风格的电视柜可以选择大理石木质的台面造型，这样的优点是能很好地做到与大理石背景协调统一。

◎ 施工细节

1. 在做阳角的大理石对角时，需要把大理石的单边进行45°的磨边处理，让大理石侧面不会外露。
2. 建议选择较大尺寸规格的大理石，避免出现缝隙过多而影响设计效果。铺贴大理石时应从上往下，尽量在上部区域整块的划分。

电视墙 [橡木饰面板凹凸铺贴]

电视墙 [洞石斜铺+布艺软包]

电视墙 [仿古砖斜铺+彩色乳胶漆]

电视墙 [米黄大理石斜铺+墙纸+大理石线条收口]

电视墙 [洞石+木格栅]

电视墙 [石膏板雕花刷白+墙纸+黑镜]

电视墙 [石膏板装饰造型拓缝刷灰漆+实木搁板]

电视墙 [大理石壁炉+墙纸+柚木饰面板]

电视墙 [彩色乳胶漆+金色波浪板]

个性砖＋墙纸

◎ 装修材料

个性砖+墙纸

◎设计细节

1. 田园风格的装修一般运用碎花元素作为墙面的修饰。碎花的样式建议选择花朵较为细密的，更容易表现出田园风格。
2. 白色为百搭颜色，在做线条等起到收口分割的材质时，建议选择白色，这样可以很好地做到与其他墙面的颜色统一。

◎ 施工细节

1. 砖与白色线条在施工后会出现较为明显的接缝，后期要选用适当颜色的玻璃胶进行修饰，进行填缝处理。
2. 对于需要铺贴墙砖的电视墙，必须是砖砌墙体，保证砖可以用水泥铺贴在墙面，不建议在石膏板墙上贴砖。

电视墙 [啡网纹大理石+饰面板装饰凹凸背景]

电视墙 [杉木板装饰背景套色+米黄大理石+墙纸]

电视墙 [布艺软包+饰面装饰框刷白]

电视墙 [墙纸+银镜倒角+大理石线条收口]

电视墙 [墙纸+茶镜+大理石线条收口]

电视墙 [墙纸+黑镜+波浪板]

电视墙 [饰面板拼花+银镜]

电视墙 [斑马木饰面板+灰色乳胶漆+银镜]

电视墙 [墙纸+石膏板造型刷白]

大理石+实木搁板

◎ 装修材料

大理石+实木搁板

◎ 设计细节

1. 选择浅色（白色、米色、浅灰色、粉红色等）大理石作为电视背景墙时，温润的色泽将使居家装饰更自然得体，就像一幅独特天然的艺术作品，成为整个客厅的视觉焦点。
2. 非光面设计更有一种自然和谐的韵味，抛光大理石的反光性太强，容易给人造成视觉困扰。不过如果一定要选择光面大理石的话，可以将灯光进行平光处理，使灯光不产生反射炫光就可以了。

◎ 施工细节

1. 通常情况下，电视背景墙不会选用一大片完整的大板，一般是切成80cm左右的规格板材拼组，这样在搬运和安装时比较不容易出现破损，也更安全。
2. 大理石电视幕墙主要有三类固定方式，即固定在水泥、木板或是石材上。要注意不同的固定方式有不同的钻孔方法，同时电线预留的管路和位置要正确，螺钉孔洞预留要精确。

电视墙［米黄大理石拼花+大理石罗马柱］

电视墙［饰面板装饰凹凸背景刷金箔漆+茶镜+木线条装饰框喷金漆］

电视墙［布艺软包+大理石装饰框+大理石线条装饰造型］

电视墙 [大理石壁炉+彩色乳胶漆+饰面装饰框刷白]

电视墙 [红砖刷白]

电视墙 [米黄大理石+大理石罗马柱+大理石雕花]

电视墙 [定制收纳柜]

电视墙 [墙纸+金色不锈钢线条+石膏罗马柱]

电视墙 [饰面板装饰柱刷白+装饰壁龛嵌银镜+墙纸]

造型详解 9

仿古砖+大理石罗马柱

◎ 装修材料

仿古砖+大理石罗马柱

◎ 设计细节

1. 该客厅处在过道一侧，为了分隔过道与客厅，设计师以电视背景作为隔断。同时，为了保证两者之间的互动性，隔断采用半高形式，以满足客厅的采光性。
2. 仿古砖的运用，与质感强烈、个性鲜明的美式沙发形成呼应，完美展现出美式风格的自然清新之感。

◎ 施工细节

1. 仿古砖的材质为石材，原则上需要用水泥进行铺贴，因此在做电视背景隔断时，要用砖砌的方式，保证仿古砖粘贴的牢固性。
2. 电视上方垭口的造型有多种方式，主要用到的是木质框架式和混凝土浇筑式两种。若选择木质框架作为基础，在做油漆施工时要注意对阳角处进行加固处理。

电视墙［墙布+大花白大理石装饰框］

电视墙［米黄大理石+黑镜+木线条装饰框刷白］

电视墙［皮质软包+磨花灰镜+大理石装饰框］

电视墙 [大花白大理石+黑镜]

电视墙 [墙纸+木花格贴银镜+实木雕花]

电视墙 [大理石壁炉+饰面板装饰凹凸背景刷白+墙纸]

电视墙 [墙纸+胡桃木饰面板+中式木花格刷白]

电视墙 [马赛克拼花+银镜]

电视墙 [洞石+中式木花格刷白贴灰镜+实木雕花挂件]

造型详解 10

木饰面板＋壁画

◎ 装修材料

木饰面板+壁画

◎ 设计细节

1. 中国风的构成主要体现在传统家具（多为明清家具）装饰品及以黑、红为主的装饰色彩上。室内多采用对称式的布局，格调高雅，造型优美，传统色彩浓厚，成熟稳重。背景墙木色要求厚重、稳健。
2. 中国传统室内装饰艺术的特点是总体布局对称均衡，端正稳健，而在装饰细节上崇尚自然情趣，花鸟、鱼虫等精雕细琢，富于变化，充分体现出中国传统美学精神。在做电视背景设计时应注意对该点的体现。

◎ 施工细节

1. 电视背景的壁画为整体设计，应该在木饰面安装前进行，这样做避免了壁画施工时对木饰面护墙的影响。
2. 中式风格的电视墙运用了大量的木饰面装饰，注意在此侧墙面不宜安置暖气片等温度较高的供暖设备。

电视墙 [艺术墙纸+中式木花格]

电视墙 [艺术墙纸+樱桃木饰面板]

电视墙 [米黄色墙砖倒角+中式木花格]

电视墙［饰面板装饰凹凸背景刷白+质感艺术漆］

电视墙［墙纸+实木搁板］

电视墙［墙纸+实木半圆线装饰框刷白］

电视墙［布艺软包+银镜］

电视墙［墙纸+木板制作搁板柜刷白］

电视墙［米黄大理石+银镜+啡网纹大理石装饰框］

文化砖 + 米黄大理石

◎ 装修材料

文化砖+米黄大理石

◎ 设计细节

1. 文化砖的粗犷纹理与米黄大理石淡雅的花纹形成对比，丰富了电视墙面的层次感与立体感。
2. 在做电视墙设计时，要注重材质的延伸性，也就是日常所说的整体设计，这样既能实现空间整体化，同时也方便材质的收口。

◎ 施工细节

1. 文化砖的造型与大理石不在同一平面，因此在做射灯开孔时，需要提前进行准确定位，保证后期灯具的安装到位。
2. 电视柜为大理石材质，需要在电视柜内部做钢架或者木工板框架，把大理石安装在框架之外，因为大理石质地较脆，这样做能防止大理石发生断裂。

电视墙 [布艺软包+实木线装饰套+墙纸]

电视墙 [洞石装饰背景]

电视墙 [墙纸+实木线装饰套]

电视墙［墙纸+灰镜+饰面装饰框刷白］

电视墙［布艺软包+黑镜］

电视墙［米黄大理石斜铺+啡网纹大理石装饰框］

电视墙［石膏板造型刷白+墙纸］

电视墙［米黄大理石斜铺+大理石罗马柱+密度板雕花刷白］

电视墙［布艺软包+装饰珠帘+密度板雕花刷白］

艺术墙砖 + 茶镜 + 中式花格

◎ 装修材料

艺术墙砖+茶镜+中式花格

◎ 设计细节

1. 中式花格的种类繁多，挂落是其中常见的装修方式，通常运用于门头和窗户。在做电视背景时，可以选择挂落这种较为简约的中式做法。
2. 中式风格讲究对称、方正，木色以深色或者红色为主，体现中式稳重、大气的风格特点。

◎ 施工细节

1. 花格固定方法较多，较为常见的有打钉和胶水固定。对于安装在地板及瓷砖上的花格，可先用玻璃钻头在地面上钻出圆孔，然后再用电锤加深圆孔，同时在花格上也钻出小孔，再用钉子通过花格上的小孔钉入地上的木楔进行固定。
2. 对于在花格上安装镜面的施工，建议先进行镜面与花格的连接，可以选择用胶粘的方式；然后把花格安装至墙面，固定位置为顶面和地面。

电视墙 [大花白大理石+黑檀饰面板]

电视墙 [杉木板凹凸铺贴刷白]

电视墙 [石膏板造型刷白+墙贴]

电视墙［米黄大理石+黑镜］

电视墙［布艺软包+墙纸+灰镜］

电视墙［艺术墙绘+装饰搁架］

电视墙［墙纸+布艺软包+大理石罗马柱］

电视墙［墙纸+枫木饰面板］

电视墙［不锈钢装饰条扣透光云石］

造型详解 13

红砖 + 彩色乳胶漆

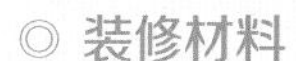

◎ 装修材料

红砖+彩色乳胶漆

◎ 设计细节

1. 国内家中常见的壁炉一般非真火壁炉，因此不必考虑其烟道的设计，壁炉的大小应根据电视墙的尺寸进行调整，保证视觉上的统一。
2. 制作壁炉的材料可以用大理石、实木或者如上图所示的红砖，此做法结合美式的装修风格，注重原生态朴实风味的展现。

◎ 施工细节

1. 红砖的砌筑建议选择水泥含量较多的砂浆，这样做是为了保证红砖之间水泥层的光滑性及平整度，让壁炉有更加细腻的外观。
2. 为了便于大理石的测量与加工，建议在壁炉基座成型前对大理石进行铺贴安装，即在大理石地台的基础上进行红砖的砌筑。

电视墙 [皮质软包+墙纸+大理石装饰框]

电视墙 [墙纸+木线条装饰框]

电视墙 [米黄大理石+金色不锈钢装饰条+木花格贴茶镜]

电视墙［墙纸+木线条装饰框喷金漆+大理石罗马柱］

电视墙［马赛克拼花+黑镜+大理石线条收口］

电视墙［大花白大理石+黑色烤漆玻璃］

电视墙［布艺软包+石膏罗马柱］

电视墙［米黄大理石斜铺+雕花银镜］

电视墙［石膏板造型刷白+墙纸］

墙纸+黑镜+密度板雕花刷白+白色混水饰面

◎ 装修材料

墙纸+黑镜+密度板雕花刷白+白色混水饰面

◎ 设计细节

1. 现代风格的客厅讲究随意的直线条造型，不求对称。在设计电视背景时，把层次做出即可。图中即是把电视背景单独凸出墙面，以达到面与面相交的立体感。
2. 黑白色调为主的电视墙设计与吊顶造型、家具布置相互呼应，墙纸上的藤蔓图案起到画龙点睛的作用。

◎ 施工细节

1. 由于密度板雕花造型为后期安装，在安装至墙面时多为打钉固定，后期容易出现雕花造型无法紧贴墙面的情况，因此应在雕花造型安装到位后，再在接缝处用玻璃胶进行填缝处理。
2. 电视墙采用的是图案墙纸，而且花型不规则，因此在铺贴时，应严格对照花型进行排布，切忌出现较为明显的接缝。

电视墙 [墙纸+大理石装饰框+饰面板装饰柜]

电视墙 [仿古砖+大理石装饰框]

电视墙 [米黄大理石斜铺+米白大理石拉缝]

电视墙 [马赛克拼花+大理石线条收口+银镜]

电视墙 [布艺软包+大理石线条包边]

电视墙 [灰木纹大理石+黑镜+饰面板装饰凹凸背景刷白]

电视墙 [橡木饰面板套色+不锈钢装饰条]

电视墙 [大花白大理石+黑镜]

电视墙 [墙纸+彩色乳胶漆+文化石]

造型详解 15

不锈钢线条 + 灰镜 + 彩绘

◎ 装修材料

不锈钢线条+灰镜+彩绘

◎ 设计细节

1. 现代风格的设计手法随意、不拘束，常用不锈钢、镜面等亮面材质，因而其时尚感极强。
2. 彩绘的方式可以直观地表达该空间的主题思路与设计理念，但应注意其对色彩的把握，不能影响家具及配饰在空间内的整体搭配。

◎ 施工细节

1. 镜面不锈钢包边之前，应对墙面做木工板垫高处理，目的是做出不锈钢造型的基础框架，方便不锈钢做出造型，增强其硬度的同时，解决安装的难题。
2. 彩绘上墙之前，应对完成的造型进行成品保护，同时注意基础墙体的平整度和整洁性，使彩绘具有良好的展现效果。

电视墙 [银镜倒角+皮质软包]

电视墙 [洞石+洞石雕花+密度板雕花贴银镜]

电视墙 [大花白大理石+雕花灰镜装饰腰线+密度板雕花贴钢化玻璃]

电视墙［印度红大理石+银镜倒角］

电视墙［玛瑙绿大理石拉缝］

电视墙［杉木板装饰背景套色+文化石+实木搁板］

电视墙［皮质软包+陶瓷马赛克］

电视墙［墙纸+饰面板装饰柜］

电视墙［皮质软包+银镜］

造型详解16

红砖刷白+木网格

◎ 装修材料

红砖刷白+木网格

◎ 设计细节

1. 欧式田园的装修风格讲究原始自然、颜色素雅。因此做设计时可以通过砖的纹理来体现，同时为了达到色彩上的统一，把砖刷白是较好的装饰方法。
2. 木网格造型复杂，因此，其材料可以选择奥松板，具有易于加工、不易变形的优势，并且可以根据设计要求选择厚度不同的板材。

◎ 施工细节

1. 电视背景的拱形造型由石膏板弯曲而成，施工时应注意对阳角进行加固处理，同时，在做油漆施工的时候，要对此进行修直处理，增强其线条感。
2. 木花格的刷漆要同墙面乳胶漆的粉刷时间分隔开来，而且还应避免二者的颜色出现较为明显的色差，影响设计效果。

电视墙［汉白玉大理石+黑白根大理石］

电视墙［洞石+柚木饰面板］

电视墙［洞石+墙面凹槽嵌黑镜］

电视墙 [墙纸+大理石装饰框]

电视墙 [皮纹砖]

电视墙 [洞石+黑镜+木花格贴米黄大理石]

电视墙 [石膏板造型刷白+灰镜+彩色乳胶漆]

电视墙 [墙纸+灰镜+实木线装饰套刷白]

电视墙 [洞石+黑白根大理石+实木搁板]

米黄大理石 + 啡网纹大理石壁炉造型

◎ 装修材料

米黄大理石+啡网纹大理石壁炉造型

◎ 设计细节

1. 欧式风格的客厅讲究严格的对称，除了造型的对称之外，颜色、材质都要形成直接的对称关系，设计电视背景时，应注意左右两个门洞的比例关系。
2. 在选择大理石时，首先要考虑的是大理石的纹理及色泽，不同颜色的大理石要进行有效的搭配，如踢脚线的颜色要深于其他墙面的大理石，这样才能使空间显得更加开阔。

◎ 施工细节

1. 大理石为后期安装工程，对前期现场的测量有严格的准确度要求，建议待墙面造型成型后进行现场的放样与测量。
2. 壁炉造型的电视墙在施工时应注意插座的摆放位置，建议位于30cm的高度，让电视柜对其进行遮挡。

电视墙 [银镜+拱形装饰窗]

电视墙 [枫木饰面板+米黄大理石]

电视墙 [皮纹砖+黑镜]

电视墙［啡网纹大理石斜铺+大理石壁炉+米黄大理石装饰背景］

电视墙［洞石+砂岩浮雕+实木雕花喷金漆］

电视墙［布艺软包+大理石装饰框+实木线装饰套］

电视墙［饰面板装饰凹凸背景+磨花黑镜］

电视墙［石膏板造型拓缝刷白+饰面板装饰柱刷白］

电视墙［大花白大理石］

硬包+中式花格+钢化玻璃+大理石线条

◎ 装修材料

硬包+中式花格+钢化玻璃+大理石线条

◎ 设计细节

1. 餐厅靠着厨房，采光不足，做客、餐厅区域划分时，注意电视墙隔断材料的通透性，保证餐厅的采光以及两者之间的协调与统一，把空间做大。
2. 中式风格的客厅、餐厅讲究色彩的稳重，因此，黑色和深红色使用较为广泛。在选择电视墙隔断的颜色时，注意要和家具的木色统一。

◎ 施工细节

1. 大理石属于易碎品，其安装固定需要依附于载体，在做如上图中的线条安装时，建议在电视墙隔断的外侧用木工板框架进行固定，方便大理石的安装。
2. 玻璃的大小有一定的限制，较大面积的玻璃通常为几块玻璃拼接的方式。在安装此类玻璃背景时，要注意把玻璃之间的接缝设在不显眼的下侧，最大限度地保证视觉上的美观性。

电视墙 [真石漆墙面喷涂+密度板雕花刷白贴黑镜]

电视墙 [大花白大理石+雕花黑镜]

电视墙 [磨花银镜]

电视墙［布艺软包+墙纸］

电视墙［墙纸+石膏板造型刷白嵌银镜］

电视墙［石膏板造型刷白+雕花黑镜］

电视墙［洞石+银镜+实木搁板］

电视墙［墙纸+彩色乳胶漆］

电视墙［仿古砖+装饰壁龛］

水曲柳饰面板显纹刷白 + 装饰挂件

◎ 装修材料

水曲柳饰面板显纹刷白+装饰挂件

◎ 设计细节

1. 现代风格的客厅不宜把空间做得很零碎，电视墙的设计首先应从整体考虑，在材质统一的基础上进行大小的划分与造型的处理。
2. 该客厅空间的层高较高，为了把人的视觉中心点往上方移动，电视柜被设计成悬空的造型，以此使空间显得轻巧、灵活。

◎ 施工细节

1. 木饰面为木头材质，存在易吸水、易变形的缺点，设计木饰面造型时，应注意对木饰面进行拉槽、勾缝处理，防止因吸水出现变形。
2. 木饰面具有一定的厚度，在做吊顶施工时，应考虑墙面材质的厚度，从而留出一定的距离，适配图纸设计的吊顶尺寸。

电视墙 [山水大理石+黑镜]

电视墙 [石膏板造型拓缝刷白+陶瓷马赛克]

电视墙 [砂岩+黑镜+大花白大理石装饰框]

电视墙 [米黄大理石斜铺+啡网纹大理石]

电视墙 [彩色乳胶漆+墙面柜刷白]

电视墙 [枫木饰面板+墙纸]

电视墙 [米黄大理石斜铺+大理石罗马柱]

电视墙 [墙纸+黑金砂大理石+银镜]

电视墙 [彩色乳胶漆+银镜倒角]

硬包+黑镜

◎ 装修材料

硬包+黑镜

◎ 设计细节

1. 硬包以其皮革的材质和多变的造型被广泛运用，能把客厅空间做得大气浑厚。但是在使用时应注意好收口问题。
2. 浅色皮革的硬包造型，是较为稳妥的设计思路，在对其边框颜色进行选择时，建议考虑深色的木质或者不锈钢线条，使其在色彩或质感上形成强烈的对比。

◎ 施工细节

1. 硬包造型在施工前，要在原墙面上做木工板或者九厘板的基层处理，这样做主要是为了保证墙体的平整性以及方便硬包的打钉安装。
2. 在预埋电视背景的插座时，应提前对照施工图纸进行墙面造型放样，避免出现插座被放置在线条位置的尴尬情况。

电视墙 [红砖勾白缝+木搁板刷蓝漆]

电视墙 [仿古砖斜铺+银镜拼块]

电视墙 [大花白大理石+墙纸]

电视墙 [大理石拼花+布艺软包]

电视墙 [真丝手绘墙纸+黑镜]

电视墙 [米黄大理石斜铺+密度板雕花刷蓝漆+实木线装饰套]

电视墙 [木花格贴书法墙纸+冰裂纹玻璃]

电视墙 [墙纸+实木线装饰套]

电视墙 [洞石+实木装饰搁板]

造型详解21

墙纸+木板刷白色混水漆

◎ 装修材料

墙纸+木板刷白色混水漆

◎ 设计细节

1. 简约时尚的客厅空间，可以是线条平直的硬朗风，也可以是曲线妖娆的柔美范。做到整个空间风格的统一，才能体现出新颖时尚的潮流气息。
2. 背景墙的电视柜曲线延绵起伏，给人以丰富的想象空间；而线条垂直的墙纸图案把墙面修饰得硬朗有型，两者之间的碰撞让客厅与众不同。

◎ 施工细节

1. 由于电视柜的曲线造型跨度较大，因此，选择板子的厚度至少为60mm，并保证板子不发生起拱变形。
2. 由于电视墙的层板造型复杂，因此，建议在贴完墙纸后再进行此造型的安装与油漆，油漆施工时注意对已完成的墙纸做成品的保护工作。

电视墙［墙纸+实木搁板］

电视墙［枫木饰面板+银镜］

电视墙［石膏板造型拓缝+彩色乳胶漆］

电视墙 [皮质软包+银镜倒角+磨花银镜]

电视墙 [大花白大理石+墙纸+雕花玻璃]

电视墙 [米白色墙砖+黑镜]

电视墙 [墙纸+不锈钢装饰条+黑镜]

电视墙 [墙纸+定制收纳柜+实木线装饰套刷白]

电视墙 [彩色乳胶漆+黑镜]

造型详解22

斑马木饰面板+黑白根大理石

◎ 装修材料

斑马木饰面板+黑白根大理石

◎ 设计细节

1. 木饰面的表面纹理有横竖之分，横纹会把横向的空间进行有效的拉伸，竖纹则在视觉上让层高显得更高。
2. 大理石被广泛运用于电视墙的设计中，取决于其较为光滑的质感和天然形成的纹理。缺点是其较强的反光性对人的视线有一定的影响，选择时要适度、适量。

◎ 施工细节

1. 大理石上墙的方式有干挂和胶粘，干挂的施工工艺要求对墙面做木工板基层或者钢架基层，家庭装修一般以木工板基层为主。
2. 木饰面与大理石之间的不锈钢压边，既是设计美观的需要，也是两者之间的收口材料。

电视墙 [墙纸+石膏板装饰造型刷白]

电视墙 [米黄大理石+银镜倒角+布艺软包]

电视墙 [皮质软包+啡网纹大理石装饰框]

电视墙 [布艺软包+大理石罗马柱]

电视墙 [墙纸+石膏罗马柱]

电视墙 [墙纸+饰面板装饰凹凸背景刷白]

电视墙 [艺术墙砖+砂岩浮雕]

电视墙 [布艺软包+密度板雕花刷白贴银镜]

电视墙 [墙纸+黑镜+实木镂空雕花]

洞石 + 黑镜 + 软包

◎ 装修材料

洞石+黑镜+软包

◎ 设计细节

1. 欧式古典风格追求造型上的对称关系，如果客、餐厅处于同一空间，通常会通过吊顶或者墙面造型对两个区域进行区分。
2. 软包的材质通常为布艺或者皮制材料，二者反光度不高，且较为吸光，因此，在做灯光设计时，可运用点光源的照射来弥补此缺陷。

◎ 施工细节

1. 软包上墙较多选择打钉的方式，打钉时要注意位置的选择，通常在软包的侧面，这个位置具有硬度高、易固定的特点，最重要的是此处的钉眼较为隐蔽，保证了一定的美观性。
2. 镜面属于易碎品，安装时只能通过胶粘的方式上墙，因此，需在墙上做木工板或者九厘板基层，保证原墙面的平整性。

电视墙 [墙纸+装饰搁板刷白]

电视墙 [墙纸+枫木饰面板]

电视墙 [木纹大理石+实木线装饰套]

电视墙［实木壁炉+文化石］

电视墙［米黄大理石斜铺+大花白大理石装饰框］

电视墙［米黄色墙砖+黑镜］

电视墙［墙纸+磨花银镜］

电视墙［布艺软包+银镜+实木线装饰套］

电视墙［墙纸+彩色乳胶漆+冰裂纹玻璃］

造型详解24

白色烤漆柜门+胡桃木饰面板

◎ 装修材料

白色烤漆柜门+胡桃木饰面板

◎ 设计细节

1. 对于开间较大的客厅，可选择在墙面做装饰柜作为背景，不仅增加了储物空间，同时通过展示架的方式成为该空间的一道亮丽风景。
2. 设计展示柜要注意实用性，从人体工程学的角度考虑展示柜内部的格局，半开放式的展示柜不仅丰富了空间，让客厅灵活多变，还让平时打扫卫生变得简单。

◎ 施工细节

1. 烤漆门板为厂家定制，定制前需要到现场进行尺寸测量，保证门板安装到位。
2. 如果搁板长度超过1200mm的规格，为了不出现变形的问题，需要对搁板进行加固处理，可以考虑选择将其加厚，也可在搁板内部增加钢材进行加固，提高硬度。

电视墙 [洞石+陶瓷马赛克+灰镜]

电视墙 [米黄大理石+墙纸+饰面装饰框刷白]

电视墙 [山水大理石+米黄大理石+实木线装饰套]

电视墙［烤漆面板+彩色乳胶漆］

电视墙［布艺软包+米黄大理石］

电视墙［彩色乳胶漆+中式窗花刷白］

电视墙［布艺软包+木花格刷白贴黑镜］

电视墙［大花白大理石+装饰纱幔］

电视墙［石膏板装饰凹凸背景刷白］

石膏板造型刷彩色乳胶漆 + 红砖

◎ 装修材料

石膏板造型刷彩色乳胶漆+红砖

◎ 设计细节

1. 简欧风格的客厅讲究形式的对称性，尤其在设计背景墙时，要注意墙面的对称划分，同时，射灯的排布也得按照对称性进行设计。
2. 电视背景墙上的红砖造型为内缩式处理，在设计该区域时，建议业主先对成品电视柜的尺寸进行估量，保证电视柜能够放进内缩墙体内。

◎ 施工细节

1. 红砖的表面质感极其粗犷，在用白水泥进行砌筑后，需要在红砖上刷清漆作为封闭处理，保证红砖表面具有一定的光滑性。
2. 壁龛造型的搁板为白色混水饰面，与墙面的彩色乳胶漆在材质和色彩上相区分，施工时注意对二者进行成品保护。

电视墙［洞石+磨花茶镜+大理石装饰框］

电视墙［柚木饰面板凹凸铺贴+米黄大理石］

电视墙［艺术墙纸+大理石装饰框］

电视墙 [石膏板造型拓缝刷白+银镜]

电视墙 [洞石凹凸铺贴+皮质软包+实木线装饰套]

电视墙 [皮质软包+饰面板装饰柱刷白+墙纸]

电视墙 [皮质软包+木网格刷白贴墙纸]

电视墙 [山水大理石+米黄大理石+墙面柜嵌磨花银镜]

电视墙 [仿古砖斜铺+实木线装饰套+雕花黑镜]

硬包+黑镜+大理石线条

◎ 装修材料

硬包+黑镜+大理石线条

◎ 设计细节

1. 现代风格的电视墙造型追求新颖时尚，在做硬包排布时，不必追求对称均匀，而是要根据电视墙的尺寸进行比例的设定。
2. 客厅色调的把握要从整体上入手，黑镜、硬包、大理石线条等材质的颜色选择要相互协调统一，避免出现大红大紫的色调。

◎ 施工细节

1. 由于大理石线条、硬包、黑镜的厚度各不相同，在做木工板基层时，也得根据要求对各种材质基层的厚度把握好，做到材质之间的无缝对接。
2. 无论是大理石线条还是镜面线条，对拐角都要进行45°的对角处理，保证视觉上的美观性。

电视墙 [墙纸+大理石线条收口+饰面板装饰凹凸背景刷白]

电视墙 [墙纸+米黄大理石倒角+茶镜]

电视墙 [精工玉石+艺术玻璃]

电视墙［米色墙砖+银镜］

电视墙［米黄色墙砖倒角+大理石装饰框］

电视墙［布艺软包+茶镜］

电视墙［质感艺术漆+不锈钢装饰条］

电视墙［洞石+黑镜+实木线装饰套刷白］

电视墙［墙纸］

石膏板造型刷白 + 艺术墙绘 + 黑镜

◎ 装修材料

石膏板造型刷白+艺术墙绘+黑镜

◎ 设计细节

1. 墙体彩绘为化学涂料，使用时注意其环保要求。同时应在保证美观性的基础上仔细考虑涂料的耐磨性以及可擦洗性。
2. 墙体彩绘要求比较细腻、平整、不要反光，有些特别的彩绘还需要刷有色乳胶漆来衬托。
3. 石膏板造型与黑镜形成色彩上的强烈对比，设计师要注意对整体比例的拿捏，保证视觉上的平衡。

◎ 施工细节

1. 墙材彩绘施工时要注意成品的保护，业主要搬开可能影响绘画的家具或设备，或用塑料布遮盖、保护好不可搬开的物品。
2. 石膏板造型与黑镜的厚度不同，施工时不仅要处理好两者之间的收口问题，还要注意踢脚线的转换。

电视墙 [米黄大理石+马赛克拼花+磨花黑镜]

电视墙 [艺术墙砖+灰镜]

电视墙 [雨林棕大理石+大理石罗马柱]

电视墙 [布艺软包+黑镜]

电视墙 [布艺软包]

电视墙 [墙纸+雕花黑镜]

电视墙 [马赛克拼花+大理石装饰框]

电视墙 [金属马赛克+装饰珠帘+墙纸]

电视墙 [墙纸+石膏板造型刷白]

造型详解28

马赛克拼花+大花白大理石

电视墙［米黄大理石+雕花银镜+饰面装饰框刷白］

◎ 装修材料

马赛克拼花+大花白大理石

◎ 设计细节

1. 马赛克拼花注重个性化的设计，不拘泥于传统的铺贴方式，将不同色彩、不同规格与不同形状的马赛克加以组合，正是展现个性化电视墙的又一绝妙手段。
2. 黑色的大理石反光问题尤为严重，会让人觉得刺眼不舒服，同时在视觉上也会有倒影错综的反效果。因此，在设计简约的客厅电视墙时建议选择浅色系的大理石。

电视墙［米黄大理石斜铺+啡网纹大理石拉缝］

◎ 施工细节

1. 厚度不同的大理石板所采用的铺贴方式也略有不同，当然，厚度越大粘贴难度就越高。比如，1cm厚的大理石板只需要用黏合剂粘贴即可上墙；厚度2cm或以上的则需要固定挂件和黏合剂结合使用才能确保它的牢固度。对超过3m的空间进行铺贴时，必须搭建龙骨。
2. 马赛克不要使用白水泥铺贴，白水泥不仅时间久了会发黄，而且多用于展厅或样板间，很少用于家庭，因为它的粘结性不好，容易脱落。

电视墙［布艺软包+墙纸+饰面装饰框刷白］

电视墙 [虎皮黄大理石+中式木花格贴茶镜]

电视墙 [布艺软包+实木线装饰套喷金漆]

电视墙 [啡网纹大理石+实木线装饰套刷白+墙纸]

电视墙 [木格栅]

电视墙 [墙纸+黑金砂大理石]

电视墙 [石膏板造型刷白+木线条间贴刷白]

造型详解 29

马赛克+硅藻泥

◎ 装修材料

马赛克+硅藻泥

◎ 设计细节

1. 硅藻泥为天然材料，具有施工便捷、造型多样的特点。硅藻泥最大的卖点在于其环保性，因此被广泛应用。
2. 硅藻泥的环保性较好，但表面粗糙，不适宜大面积涂抹于客厅墙面，只适合做局部背景的装饰与搭配。

◎ 施工细节

1. 马赛克施工时注意对其基础墙面进行基层处理，镜面马赛克的基层材料一般为木工板或者九厘板，应保证墙面的平整度，方便马赛克的铺贴。
2. 硅藻泥喷涂的造型属于外凸于墙面的部分，硅藻泥的基层应为石膏板或者水泥墙面找平后的腻子层，外挂的墙体需要做石膏板隔墙处理。

电视墙 [皮纹砖+银镜+装饰珠帘]

电视墙 [大花白大理石+雕花黑镜]

电视墙 [墙纸+磨花黑镜+大花白大理石装饰框]

电视墙 [米黄大理石+文化石+实木线装饰套+波浪板]

电视墙 [米黄大理石+回纹线条雕刻+雕花黑镜]

电视墙 [波浪板+墙纸+红檀饰面板]

电视墙 [墙纸+雕花灰镜+布艺软包]

电视墙 [布艺软包+大花白大理石罗马柱]

电视墙 [墙布+洞石+灰镜]

造型详解 30

木质护墙板+啡网纹大理石

◎ 装修材料

木质护墙板+啡网纹大理石

◎ 设计细节

1. 对于层高相对较高的挑高客厅，电视背景的处理要从整体出发，不能孤立地考虑电视背景的设计，更不能把背景墙做得过于琐碎、凌乱。
2. 护墙板的背景为实木或者实木多层材质，设计时注意每块护墙板大小的控制，保证护墙板的伸缩性及稳定性。

◎ 施工细节

1. 木护墙连同基层具有一定的厚度，处理基层时需要把护墙板和大理石区分开来，保证二者安装后自然地衔接。
2. 顶面吊顶施工时，在放样的过程中注意考虑电视背景护墙板和大理石的厚度，为顶面留出一定的宽度，避免出现由于电视背景的厚度问题影响吊顶的美观性。

电视墙 [不锈钢装饰条扣布艺软包+墙纸+密度板雕花刷白贴银镜]

电视墙 [墙纸]

电视墙 [大花白大理石+啡网纹大理石]

电视墙 [米黄色墙砖凹凸铺贴+密度板雕花刷白]

电视墙 [书法墙纸]

电视墙 [米黄大理石+饰面板装饰柱贴银镜]

电视墙 [木纹砖斜铺+大理石线条收口+布艺软包]

电视墙 [墙纸+实木线装饰套]

电视墙 [米黄色墙砖+木格栅贴银镜]

米黄大理石＋微晶石斜铺＋波浪板

◎ 装修材料

米黄大理石+微晶石斜铺+波浪板

◎ 设计细节

1. 微晶石属于人造石材，做工精细，具有相当高的美观度，在客厅和餐厅使用可以提高整个空间的档次和品位。
2. 微晶石表面做了晶化处理，具有较高的反光度，适当运用可提高空间采光度。同时晶化处理后的材质表面更加便于清理和维护。

◎ 施工细节

1. 对于做了灯槽的电视背景，在做木工时，需要把大理石的基层做到位。待大理石安装完毕后再进行黄色波浪板的铺贴。
2. 墙面和地面施工材料铺贴及安装的正确工序，应该为先地面后墙面，以避免出现墙面材料安装完毕后，地面瓷砖需要裁切的问题。

电视墙［精工玉石+回纹线条雕刻+大理石装饰凹凸背景］

电视墙［云石大理石+啡网纹大理石］

电视墙［米黄大理石+茶镜］

电视墙［艺术墙砖+大理石装饰框］

电视墙［爵士白大理石+大理石线条收口+磨花银镜］

电视墙［米白大理石+金属马赛克+大理石线条收口］

电视墙［雨林棕大理石+雕花黑镜］

电视墙［仿古砖斜铺+质感艺术漆］

电视墙［密度板雕花刷白贴茶镜+实木线装饰套］

造型详解32

石膏板造型刷彩色乳胶漆

◎ 装修材料

石膏板造型刷彩色乳胶漆

◎ 设计细节

1. 该电视背景做了乳胶漆造型的拼色处理，显得简约时尚。选择装饰画时应注意其大小比例，对于挑高空间，装饰画不能琐碎，可以尝试采用整幅画装饰墙面的手法。
2. 虽然设计时要注重材质混搭以及撞色的装饰手法，但在色彩运用时应注意同色系的选择，以免把空间做得过于跳跃，无法形成统一的风格。

◎ 施工细节

1. 由于墙面乳胶漆有两种不同的颜色，滚涂时应注意对成品的保护工作，避免二者颜色混在一起，影响设计效果。
2. 电视背景墙凹凸不平，高处做了石膏板垫高处理。在做腻子层时，需要进行抗裂布的张贴，以防止后期石膏板的开裂。

电视墙 [布艺软包+雕花银镜+饰面装饰框刷白]

电视墙 [陶瓷马赛克+大花白大理石]

电视墙 [米白色墙砖+马赛克拼花]

电视墙 [雕花黑镜+不锈钢装饰条]

电视墙 [洞石+黑镜+墙纸]

电视墙 [墙纸+木搁板刷白]

电视墙 [米黄色墙砖+黑镜+木搁板刷白]

电视墙 [墙纸+磨花银镜+实木线装饰套刷白]

电视墙 [大花白大理石拉缝]

造型详解 33

拼花地板 + 洞石 + 彩色乳胶漆

◎ 装修材料

拼花地板+洞石+彩色乳胶漆

◎ 设计细节

1. 拼花地板由于其做工的复杂性，决定了该地板造价相对较高，而多用于背景墙等装饰。使用拼花地板时应注意侧面的收口问题，常用不锈钢线条做压边处理。
2. 地板采用木质材料加工而成，因而其具有良好的亚光性，为了增强装饰效果及空间的采光性，应着重注意射灯的设计，灯光的冷暖根据实际情况而定。

◎ 施工细节

1. 拼花地板多为厂家上门提供安装，施工时应按照厂家要求对墙面进行木工板或者其他的基层处理，保证墙面的平整度。
2. 大理石与地板之间做了不锈钢的压边处理，在安装完毕后，要对接缝处进行玻璃胶的封闭处理。

电视墙 [土耳其玫瑰大理石]

电视墙 [墙纸+饰面装饰框刷白]

电视墙 [啡网纹大理石斜铺+米黄大理石装饰框]

电视墙 [皮质软包+米黄大理石拉槽+不锈钢装饰条包边]

电视墙 [布艺软包+磨花银镜+米黄大理石]

电视墙 [质感艺术漆+实木线装饰套刷白]

电视墙 [枫木饰面板+黑镜]

电视墙 [大花白大理石斜铺+金色镜面玻璃]

电视墙 [仿砖纹墙纸+彩色乳胶漆]

个性砖 + 木饰面 + 银镜 + 马赛克拼花

◎ 装修材料

个性砖+木饰面+银镜+马赛克拼花

◎ 设计细节

1. 装饰镜面具有易加工、价格实惠、安装难度较小等特点，所以在设计电视背景时被广泛运用。在选择镜面的颜色时，应根据需要选择银镜、灰镜或者茶镜。
2. 原本客厅和餐厅属于同一空间，区域划分不够明显，设计师在做电视墙面装饰时，应利用材质的不同以及颜色的变化让客厅和餐厅在视觉上形成鲜明的对比。

◎ 施工细节

1. 拼花马赛克对纹路有一定的要求，因此在铺贴马赛克时，应提前进行放样，以免出现拼不对花型的尴尬。
2. 电视背景做了反光灯带的处理，反光灯带内侧由多个节能灯管相互连接而成，排布时要注意灯管的间距保持一致，保证灯光均匀协调。

电视墙 [密度板装饰凹凸背景贴手工金箔]

电视墙 [米黄大理石+大理石罗马柱+墙纸]

电视墙 [米黄大理石+木花格贴银镜]

电视墙［墙纸+木线条装饰框］

电视墙［墙纸+陶瓷马赛克］

电视墙［爵士白大理石+墙纸+实木线装饰套］

电视墙［墙纸+杉木板装饰背景］

电视墙［墙纸+黑镜+枫木饰面板］

电视墙［米色墙砖+装饰壁龛嵌茶镜+墙纸］

造型详解 35

灰色大理石＋枫木饰面板＋灰镜

◎ 装修材料

灰色大理石+枫木饰面板+灰镜

◎ 设计细节

1. 很多家庭想把客厅装修得温馨而不失大气，此种情况建议选择大理石时以花型纹路为主，可以考虑咖啡色等暖色调的颜色。
2. 整面电视墙的装修应注意保证墙面的延续性，这是简约风格家居惯用的设计手法，也是解决材质在阴角处收口问题的最好方法。

◎ 施工细节

1. 枫木饰面板根据设计图纸裁切成一定造型后，直接胶粘在镜面上，但要注意与大理石处在同一平面，这一点在做墙面基层时就应事先考虑好。
2. 因为大理石的侧面直接外露，所以在后场加工时应注意对侧面进行磨边美化处理，以免影响美观。

电视墙 [云石大理石+银镜拼块+雕花银镜]

电视墙 [饰面板装饰柜]

电视墙 [米黄大理石+木线条密排]

电视墙 [布艺软包+大理石搁板+墙纸]

电视墙 [黑镜+米黄色墙砖+装饰壁龛]

电视墙 [木纹大理石+大花白大理石+密度板雕花刷白贴灰镜]

电视墙 [米黄色墙砖+灰镜+实木搁板]

电视墙 [枫木饰面板+黑镜]

电视墙 [木纹大理石凹凸铺贴+雕花黑镜]

白色混水木饰面+灰镜+马赛克

◎ 装修材料

白色混水木饰面+灰镜+马赛克

◎ 设计细节

1. 整面白色混水木饰面电视背景的设计，把客厅空间修饰得简洁现代，为了不让客厅显得过于单调，设计师在白色混水木饰面中加入了灰镜元素，让空间灵活多变、时尚前卫。
2. 设计师对马赛克的运用也是别具匠心，选择纯色玻璃马赛克，不仅能很好地与灰镜搭配，而且其小方块造型更是把时尚气息演绎到极致。

◎ 施工细节

1. 玻璃马赛克铺贴时不能一味地选择水泥粘贴的方式，而是应提前在原墙面做好木工板或者九厘板基层，用胶粘的方式进行安装固定。
2. 镜面与白色混水木饰面不在同一平面，灰镜安装完毕后应注意对阴角处进行玻璃胶接缝的处理，防止接缝外露。

电视墙 [云石大理石+墙纸+饰面装饰框刷白]

电视墙 [大花白大理石+黑镜拼块]

电视墙 [米黄大理石+密度板雕花刷白贴黑镜]

电视墙 [米黄大理石+砂岩浮雕+大理石罗马柱]

电视墙 [墙纸+米黄大理石装饰框]

电视墙 [实木搁板+装饰搁架]

电视墙 [米黄大理石+啡网纹大理石]

电视墙 [银镜+饰面板装饰柱]

电视墙 [洞石+磨花银镜]

造型详解 37

玻化砖 + 镜面马赛克 + 装饰壁龛 + 大理石线条

◎ 装修材料

玻化砖+镜面马赛克+装饰壁龛+大理石线条

◎ 设计细节

1. 电视背景利用墙体做了壁龛造型，壁龛内侧的镜面运用，让原本属于平面的电视背景更具立体感，同时在视觉上具有良好的通透性。
2. 做设计时要讲究空间的划分，客厅和餐厅的分隔是通过吊顶与墙面造型的不同来实现的。对于单独电视背景的划分则要考虑材质、造型以及色彩的对称性，把空间装饰得完整有序。

◎ 施工细节

1. 为了增加装饰效果及采光，设计时在壁龛内增加了射灯。该射灯在顶面造型处开孔，该步骤应该在前期做吊顶时进行，与石膏板后期灯具开孔有着工序上的区别。
2. 电视背景处的石材采用玻化砖上墙，在贴此类瓷砖时，要用玻化砖粘结剂进行铺贴，以避免后期因用水泥铺贴不牢而造成瓷砖脱落。

电视墙 [墙纸+回纹线条雕刻+木花格贴黑镜]

电视墙 [大花白大理石+木线条密排]

电视墙 [木纹砖+中式窗花+墙纸]

电视墙［爵士白大理石+茶镜倒角］

电视墙［米黄色墙砖+茶镜倒角］

电视墙［米黄色墙砖+实木线装饰套刷白+彩色乳胶漆］

电视墙［洞石+茶镜+大理石线条收口］

电视墙［枫木饰面板+雕花茶镜］

电视墙［墙纸+石膏板造型刷白］

造型详解38

枫木饰面板+墙纸

◎ 装修材料

枫木饰面板+墙纸

◎ 设计细节

1. 电视背景参考家具的木色做了设计，把木质的朴实与自然带到了客厅空间，让极具现代感的客厅多了一丝温馨与舒适。
2. 木饰面处间隔性的图案填充处理缓解了木质的单一性问题。但应注意其颜色不能过于凝重，以免出现头重脚轻的感觉。

◎ 施工细节

1. 木饰面的表面纹路清晰可见，在设计电视背景的过程中，应注意纹理的一致性，横纹可以拉伸空间的宽度，竖纹则让视觉层高变高。
2. 电视机为挂墙处理，水电预埋线路时，要进行五零管的预埋，电视的线路应通过管道到达插座或者弱电终端。

电视墙 [彩色乳胶漆+木线条装饰框刷白]

电视墙 [砂岩浮雕+文化石+实木线装饰套]

电视墙 [墙纸+密度板雕花刷白贴银镜]

电视墙［文化石+钢化清玻璃+软膜］

电视墙［紫罗红大理石］

电视墙［米黄大理石+中式木花格贴茶镜］

电视墙［真丝手绘墙纸+茶色烤漆玻璃+杉木板套色］

电视墙［黑檀饰面板+中式窗花+米白色墙砖］

电视墙［木线条刷白间贴黑镜］

造型详解39

灰色石材+墙纸

◎ 装修材料

灰色石材+墙纸

◎ 设计细节

1. 设计吊顶时，为了保证施工时吊顶各边的宽度相等，需要把电视背景的厚度考虑在内，反光灯槽的厚度最少为150mm。
2. 灰色石材属于生冷质感的材料，墙纸的设计中和了石材给人的冰冷的感觉，达到冷与暖的和谐。

◎ 施工细节

1. 电视柜固定在墙面上，其固定点应该为原砖混墙体，避免直接固定在石材之上。为了便于施工，电视柜应该在石材上墙前安装固定到位。
2. 墙纸与灰色石材不在同一平面，设计师可采用白色木线条进行收口，两者之间做了反光灯带的处理，施工时应注意灯管的间距保持一致。

电视墙 [灰镜+大花白大理石+茶镜倒45° 角]

电视墙 [米黄大理石斜铺+银镜+大花白大理石]

电视墙 [皮质软包+不锈钢装饰条+雕花灰镜]

电视墙 [质感艺术漆+中式木花格]

电视墙 [米黄大理石拉缝]

电视墙 [墙纸+银镜+玻璃马赛克]

电视墙 [石膏板造型刷白+茶镜雕花]

电视墙 [米黄色墙砖+墙面凹槽嵌雕花黑镜]

电视墙 [斑马木饰面板+马赛克+雕花黑镜+墙纸]

拼花大理石+茶镜+密度板雕花刷白贴钢化玻璃

◎ 装修材料

拼花大理石+茶镜+密度板雕花刷白贴钢化玻璃

◎ 设计细节

1. 欧式风格讲究形式的对称，设计电视背景墙面时，不能偏离这个要点。同时，为了做出层次感，背景墙的各个部分可不在同一平面，即进行有规律的凹和凸。
2. 设计师从整体出发，可把电视柜做成大理石地台的造型，不仅在视觉上与背景和谐一致，同时，灯带的设计让原本厚重的背景变得更加轻盈。

◎ 施工细节

1. 整块大理石由于体积较大，建议施工时进行干挂处理，拼花大理石要提前做好标示与放样。
2. 茶镜一般有固定的规格，因此横向或者纵向可能需要两块做拼接。为了保证美观性，建议把接缝留在不显眼处，或者采取居中放置的方式处理。

电视墙 [大花白大理石+回纹线条雕刻]

电视墙 [墙纸+中式木花格]

电视墙 [印度红大理石斜铺+石膏板造型刷彩色乳胶漆]

电视墙 [米黄大理石+木网格刷白贴灰镜]

电视墙 [墙纸+灰镜+米黄大理石倒角]

电视墙 [爵士白大理石斜铺+黑白根大理石装饰框+黑镜]

电视墙 [墙纸+银镜+木搁板刷白]

电视墙 [彩色乳胶漆+米黄色墙砖+实木线装饰套刷白]

电视墙 [红砖+饰面板收纳柜]

造型详解41

米白大理石+茶镜+木花格

◎ 装修材料

米白大理石+茶镜+木花格

◎ 设计细节

1. 为了跟中式客厅的整体风格形成强烈的呼应，设计师别出心裁地将电视背景墙设计成琵琶的造型，从而具有中国传统的韵味。
2. 琵琶造型固然能够给空间带来很浓厚的古色古香的气息，但在设计时注意不能把琵琶造型设计得过于具象，应利用材质的肌理及色彩关系让其抽象地表达出来。

◎ 施工细节

1. 大理石上墙时注意与两边木质的衔接，注意在后场对侧面进行磨边抛光处理，同时打上玻璃胶水进行接缝的封闭。
2. 由于该电视背景的设计主材为木花格加大理石造型，为了防止木质受潮变形，大理石上墙的方法应该采用干挂的方式。

电视墙 [米黄大理石装饰背景+银镜拼块+墙纸]

电视墙 [米黄大理石+啡网纹大理石线条]

电视墙 [洞石+布艺软包+银镜]

电视墙 [橡木饰面板+黑镜+墙纸]

电视墙 [墙纸+饰面板装饰柜刷白]

电视墙 [墙纸+杉木护墙板刷白]

电视墙 [柚木饰面板+饰面板装饰柱]

电视墙 [灰色乳胶漆+木线条密排刷白]

电视墙 [斑马木饰面板+墙纸]

黑白根大理石+墙纸+大花白大理石搁架

◎ 装修材料

黑白根大理石+墙纸+大花白大理石搁架

◎ 设计细节

1. 经典的黑色与白色的碰撞，加上天然大理石自身的纹理，让空间显得大气、稳重而不失简约之美。
2. 大理石材质的线条硬朗，光泽度较高，设计过程中注意灯光的搭配与选择，暖光源更易把空间修饰得温馨和舒适。

◎ 施工细节

1. 电视背景的大理石线条处用了射灯装饰，射灯的开孔应在安装大理石的时候进行，避免后期在安装射灯时再进行这道工序。
2. 电视墙两边做了大理石灯带的效果，应注意控制灯带下口大理石挡板的高度，避免灯光露在外侧影响美观。

电视墙［墙纸+木线条刷白收口+金属马赛克］

电视墙［饰面板装饰凹凸背景刷白+磨花银镜］

电视墙［杉木板凹凸铺贴刷白+黑镜］

电视墙 [墙纸+水曲柳饰面板显纹刷白]

电视墙 [彩色乳胶漆+装饰壁龛铺贴马赛克]

电视墙 [饰面板雕花+中式窗花]

电视墙 [青石板+中式窗花]

电视墙 [灰镜+不锈钢线条包边+米黄色墙砖]

电视墙 [木纹大理石+密度板雕花刷白]

布艺硬包+茶镜+回纹线条木雕

◎ 装修材料

布艺硬包+茶镜+回纹线条木雕

◎ 设计细节

1. 中式风格对回纹雕花的运用较为广泛，延续了中国古代门窗及家具的风格特点，设计时注意借此画龙点睛，但不必过多。
2. 客厅属于公共空间，对采光的要求较高，应以自然光为主，人工照明为辅。因此，设计时应注意增加筒射灯的运用。

◎ 施工细节

1. 安装硬包造型时注意固定点的选择，固定方式一般以枪钉为主，辅以胶水粘贴的方法，打眼的位置应在接缝处，枪钉斜45° 打入内部的木工板基层上。
2. 雕花造型多为后场定制，现场进行安装固定，固定过程中难免会出现摩擦和磕碰，造成油漆的脱落，要求后期对损坏处进行油漆的修补。

电视墙 [米黄大理石+不锈钢线条收口+啡网纹大理石]

电视墙 [墙纸+陶瓷马赛克]

电视墙 [墙纸+雕花银镜+实木线装饰套喷银漆]

电视墙 [黑白根大理石+大花白大理石+黑镜]

电视墙 [皮质软包+银镜+啡网纹大理石]

电视墙 [米黄大理石斜铺+大理石罗马柱+银镜拼菱形]

电视墙 [墙纸+彩色乳胶漆+实木线装饰套刷白]

电视墙 [布艺软包+墙纸]

电视墙 [大理石壁炉+墙纸+饰面板装饰柜刷白]

木纹大理石 + 斑马木饰面板

◎装修材料

木纹大理石+斑马木饰面板

◎ 设计细节

1. 木饰面最好选择厂家定制的成品，这样的话优点较多。首先它是根据定制家具的要求进行加工制作的，质量有保证。其次是缩短了工期，后期制作的木饰面可提前进行测量，制作过程在后场进行。最后还能有效降低成本，后场加工原料可按照设计要求做精细的计算，减少了现场制作的材料浪费。
2. 市面上大理石的质量参差不齐，购买时应注意选择纹理清晰、质感细腻的类型，粗粒及不等粒结构的石材外观效果较差，不宜选择。

◎ 施工细节

1. 大理石安装完成后，一定要用大理石保护膜进行保护。若出现磨花的情况，则需重新打磨抛光，保证大理石的光泽度。
2. 木饰面板上墙必须在施工前进行防潮处理，防潮层的做法一般是在基层板或龙骨上刷二道水柏油。

电视墙［墙纸+木搁板刷白］

电视墙［啡网纹大理石+大理石罗马柱］

电视墙［墙纸+黑镜+饰面装饰框刷白］

电视墙 [黑白根大理石+大花绿大理石装饰框]

电视墙 [真丝手绘墙纸+中式木花格]

电视墙 [密度板雕花喷金箔漆+大理石罗马柱+布艺软包]

电视墙 [墙纸+装饰挂画]

电视墙 [木地板上墙+雕花灰镜]

电视墙 [硅藻泥+大理石装饰框+饰面板装饰柜]

帝龙板+樱桃木饰面板

◎ 装修材料

帝龙板+樱桃木饰面板

◎ 设计细节

1. 帝龙板是新型复合板材，采用后场定制安装。在选择帝龙板图案时，要选择清晰度较高的，避免出现由于像素不高而影响设计效果的情况。
2. 中式家居装修注意山水及花鸟图案的运用，可以有效地把中式风格那种贴近自然、接近生活的韵味散发出来。

◎ 施工细节

1. 帝龙板多采用胶粘的方式固定于墙体，对墙体的平整度及表面的洁净程度有一定要求，需要用木工板或者九厘板进行基层处理，同时，在安装帝龙板前应清除其表面的灰尘及其他杂物，保证表面的平整。
2. 安装大理石线条时应注意不能用水泥作为黏合剂。水泥的潮湿性可能对帝龙板造成一定的影响，因此需要用大理石胶直接与木工板基层进行粘贴。

电视墙 [墙纸+灰镜]

电视墙 [大花白大理石+雕花黑镜]

电视墙 [质感艺术漆+雕花黑镜]

电视墙 [墙纸+实木制作角花]

电视墙 [墙纸+饰面板收纳柜]

电视墙 [中式木雕屏风刷白]

电视墙 [墙纸+实木线装饰套刷白]

电视墙 [洞石拉缝+黑镜]

电视墙 [啡网纹大理石斜铺+实木线装饰套+不锈钢装饰条扣皮质软包]

墙纸 + 镜面马赛克

◎ 装修材料

墙纸+镜面马赛克

◎ 设计细节

1. 镜面马赛克具有相当强的反光性，而且马赛克造型可以有效地把低调奢华与现代时尚演绎得淋漓尽致。
2. 墙纸铺贴墙面要考虑收口的问题，可以选择镜框线条或者大理石作为其收口材料，铺贴时还应注意对花效果。

◎ 施工细节

1. 电视背景的镜框线条为后场定制品，由于弧形造型的复杂性，该线条为多个部分组合而成，施工时应注意对接缝处作适当的美化处理。
2. 铺贴镜面马赛克前注意对墙面进行木工板基层的处理，然后直接利用胶粘的方式粘贴在基层之上，因此施工时应保证原墙面的平整度。

电视墙 [仿砖纹墙纸+质感艺术漆]

电视墙 [墙纸+石膏板造型刷白]

电视墙 [墙纸+艺术墙绘]

电视墙 [米色墙砖+装饰腰线]

电视墙 [硅藻泥+大理石罗马柱]

电视墙 [石膏板造型刷白+实木搁板]

电视墙 [木纹砖+金色镜面玻璃]

电视墙 [饰面板拼花+灰镜+米黄大理石罗马柱]

电视墙 [墙纸+布艺软包+大理石线条收口]

密度雕花刷白 + 大理石罗马柱

◎ 装修材料

密度雕花刷白+大理石罗马柱

◎ 设计细节

1. 利用电视背景上镂空的木质隔断作为客厅和餐厅的分隔，不仅没有阻挡视线，把空间做小，而且把客厅和餐厅区域划分得更加合理有效。
2. 镂空的木质隔断周边做了深色木质压边处理，首先是为了让隔断更加容易安装，其次深色的处理可以让雕花隔断背景更显稳重大气。

◎ 施工细节

1. 由于电视背景为单独的大理石隔断框架，为了保证稳固性，大理石安装前要做木工板隔墙处理。
2. 隔断安装时应注意轻拿轻放，安装到位后利用玻璃胶进行二次固定，保证其安装的牢固性，同时，电视机挂墙处也要进行单独的加固处理。

电视墙 [青砖勾白缝+木格栅贴银镜]

电视墙 [布艺软包+饰面板装饰柜]

电视墙 [艺术墙纸+质感艺术漆+木格栅]

电视墙 [布艺软包]

电视墙 [墙纸+实木线装饰套刷白]

电视墙 [米黄大理石+大理石装饰框+铁艺构花件]

电视墙 [石膏壁炉+墙纸+石膏罗马柱]

电视墙 [米黄色墙砖+茶镜]

电视墙 [墙纸+实木搁板]

造型详解48

软包+大理石线条+硬包+不锈钢线条

◎ 装修材料

软包+大理石线条+硬包+不锈钢线条

◎ 设计细节

1. 由于客厅和餐厅的背景墙属于同一平面，为了弱化该面墙上开的卧室门洞的存在感，设计师把电视背景凸出墙体一定的厚度，让视觉中心落在此处。
2. 软包材质与大理石形成强烈的对比，其柔软的质感与大理石的光亮硬朗互补，产生不一样的视觉感受，也给空间带来些许温馨与舒适。

◎ 施工细节

1. 由于不锈钢材质较为坚硬，特别是断面处较为锋利，在做电视机两边的硬包压边时要做好成品保护，防止对硬包的表面造成损坏。
2. 电视背景处的软包为半成品，开关面板处要对软包造型进行加工与开孔，施工时应注意保持软包内填充物的完整。

电视墙 [大理石壁炉+银镜拼菱形]

电视墙 [皮纹砖+茶镜]

电视墙 [大花白大理石]

电视墙 [彩色乳胶漆+密度板雕花刷白]

电视墙 [布艺软包+饰面板展示架]

电视墙 [黑檀饰面板+木线条装饰框喷金漆]

电视墙 [米黄色墙砖+陶瓷马赛克]

电视墙 [墙纸+黑镜]

电视墙 [墙纸+实木线装饰套刷白]

造型详解49

白色护墙板

◎ 装修材料

白色护墙板

◎ 设计细节

1. 欧式风格讲究对称，在做护墙设计时，除了背景本身的形式对称以外，同时应当把吊顶及地面拼花造型一并考虑，做整体设计。
2. 电视背景上的壁灯让空间更加唯美，设计时应注意壁灯的高度，公共空间的高度一般在1800mm以上，避免影响人的正常走动。

◎ 施工细节

1. 电视背景处会存在一定数量的插座面板，在有护墙处注意插座面板的位置安排，避免出现在两个护墙的接缝处。
2. 护墙板建议在后场定制，这样不仅可以缩短施工工期，同时还能保证护墙板的做工及质量。但前期应注意木工板基层的处理。

电视墙 [水曲柳饰面板显纹刷白]

电视墙 [大花白大理石+波浪板+墙纸]

电视墙 [墙纸]

电视墙 [文化石+实木搁板+石膏雕花]

电视墙 [石膏板造型刷白+钢化清玻璃+彩色乳胶漆]

电视墙 [文化石+实木搁板]

电视墙 [大花白大理石+雕花黑镜]

电视墙 [布艺软包+墙纸+柚木饰面板]

电视墙 [米白色墙砖+马赛克]

造型详解50

硬包+镜框线+灰镜

◎ 装修材料

硬包+镜框线+灰镜

◎ 设计细节

1. 硬包的表面材质一般为皮革制品，非常具有强烈的质感，纹理细腻，运用在电视背景墙上很能提升装修的档次 。
2. 深色灰镜的运用使得原本色彩单一的电视背景墙立刻产生层次感，深浅搭配的效果让空间显得稳重、大气。

◎ 施工细节

1. 镜框线的规格多种多样，木工制作时注意提前把线条的样品带到现场，工人需要根据线条的宽度进行相应的基层处理，以便镜框线安装到位，无瑕疵。
2. 电视背景讲究对称，水电施工时，应注意对壁灯的位置进行放样，保证其在造型的中间处。

电视墙 [大理石壁炉造型+陶瓷马赛克+砂岩浮雕]

电视墙 [砂岩浮雕+质感艺术漆+陶瓷马赛克+实木搁板]

电视墙 [洞石斜铺+大理石罗马柱]

电视墙 [陶瓷马赛克+红砖刷白]

电视墙 [布艺软包+铆钉装饰+大理石装饰框]

电视墙 [墙纸+中式窗花+黑镜]

电视墙 [石膏板造型刷白嵌黑镜+墙纸]

电视墙 [黑白根大理石+银镜+饰面装饰框刷白]

电视墙 [墙纸+黑镜+波浪板]

墙纸 + 铁艺

◎ 装修材料

墙纸+铁艺

◎ 设计细节

1. 该户型为跃层或别墅户型，面积较大，为了保证大户型的设计品位，客厅和餐厅并没有做单独的区域设计，而是通过镂空的电视背景隔断将二者简单划分，把空间做大做整。
2. 铁艺造型同墙纸上的大马士革花纹相呼应，达到内容上的统一，更加凸显欧式风格的独特魅力。

◎ 施工细节

1. 雕花铁艺的安装是一门学问，建议在铁艺安装前用木工板做基层处理，让铁艺直接固定在木工板上。
2. 电视背景隔断区域整面贴墙纸，拱形处应特别注意墙纸的对花铺贴，如无法完成严格的对花工作，则应灵活地把接缝控制在视线不容易注意到的位置。

电视墙 [布艺软包+米黄大理石+实木搁板]

电视墙 [洞石装饰造型+黑镜+墙纸+装饰挂盘]

电视墙 [洞石+黑镜+不锈钢线条收口]

电视墙 [质感艺术漆+黑镜+装饰搁架]

电视墙 [米黄大理石斜铺+马赛克拼花]

电视墙 [墙纸+石膏板雕花+彩色乳胶漆]

电视墙 [枫木饰面板+黑镜]

电视墙 [饰面板装饰凹凸背景刷白+黑镜+大理石装饰框+洞石]

电视墙 [石膏板造型拓缝刷白+陶瓷马赛克]

造型详解52

橡木饰面板+灰镜

◎ 装修材料

橡木饰面板+灰镜

◎ 设计细节

1. 客厅空间的开间较小，为了弥补该劣势，设计师应运用镜面来增强视觉的延伸性，实现空间的通透感。
2. 该客厅空间为长条形，因此在确定木饰面的纹路方向时，为了避免再次把原本进深较大的空间拉长，同时增强竖向的空间感，设计师可把纹路确定为纵向，从而一举两得。

◎ 施工细节

1. 木饰面与镜面为两个平面的关系，施工时应注意对饰面板侧面的磨边处理，尽量让外露的侧面不会影响视觉效果。
2. 电视背景的跨度较大，灰镜无法做到整块上墙，在安装灰镜时，应注意把接缝预留在电视背景的中轴线处，保证其美观。

电视墙 [柚木饰面板抽缝+米黄大理石]

电视墙 [茶镜+银镜+不锈钢线条收口]

电视墙 [仿古砖+墙纸+杉木护墙板套色]

电视墙 [洞石凹凸铺贴+装饰壁龛嵌茶镜]

电视墙 [木纹砖+水曲柳饰面板套色]

电视墙 [石膏板造型刷白+灰镜]

电视墙 [墙纸+石膏板造型刷白]

电视墙 [黑镜+饰面板装饰柱]

电视墙 [石膏板造型刷白+波浪板]